Ruchita Patel
Bhagwati Gauni

# Estudo de 1,4-Dihidropiridinas por Raios X de Cristal Único

Ruchita Patel
Bhagwati Gauni

# Estudo de 1,4-Dihidropiridinas por Raios X de Cristal Único

ScienciaScripts

**Imprint**



Cover image: www.ingimage.com

This book is a translation from the original published under ISBN 978-620-2-30771-0.

Publisher:
Sciencia Scripts
is a trademark of
Dodo Books Indian Ocean Ltd. and OmniScriptum S.R.L publishing group

120 High Road, East Finchley, London, N2 9ED, United Kingdom
Str. Armeneasca 28/1, office 1, Chisinau MD-2012, Republic of Moldova, Europe
Printed at: see last page
**ISBN: 978-620-8-25140-6**

# Prefácio

A descoberta da física dos raios X é um dos maiores marcos em toda a história da ciência. A descoberta não só trouxe fama a Roentgen, como também prestou serviços diretos na descoberta de medicamentos, medicina, biologia, farmácia, genética, física atómica, fotoquímica e estrutura dos materiais. A descoberta, classificada entre as mais importantes, chamou a atenção de muitos cientistas e, até à data, foram feitos enormes progressos. O nosso plano para esta secção do livro não é discutir o âmbito dos raios X, mas queremos familiarizar os estudantes com a cristalografia por difração de raios X para moléculas orgânicas e inorgânicas.

Livro de texto abrangido pela Caracterização e estudo por imersão de estudos de raios X de cristal único de 1,4-Dihidropiridinas.

As figuras (fig. 1 a 09 e 20) são geradas pelo software Mercury. As figuras (fig. 10 a 19) são geradas pelo ChemDraw 17.

**Dr. Ruchita Ramanbhai Patel**

**Sra. Bhagwati Moglappa Gauni**

# Sobre o autor

**A Dra. Ruchita Ramanbhai Patel**, M.Sc., Ph.D. no domínio da Física da Matéria Condensada, é Professora Assistente no Navjivan Science College, Dahod. A sua área de interesse de investigação inclui o crescimento e a caraterização de cristais utilizando a técnica de transporte de vapor. Tem uma experiência de investigação e de ensino de mais de sete anos. Participou e apresentou o seu trabalho de investigação em várias conferências nacionais e internacionais em todo o país. Publicou vários artigos de investigação em revistas nacionais e internacionais. Trabalhou também como bolseira de investigação júnior num grande projeto de investigação financiado pelo UGC durante um ano.

**Bhagwati Moglappa Gauni** está a tirar o doutoramento em Microbiologia no Departamento de Microbiologia, Gujarat Vidyapith, Sadra village, Gandhinagar, Gujarat. A sua área de investigação principal é a microbiologia médica. Atualmente, trabalha com extractos naturais de plantas, bem como com compostos sintéticos para as suas actividades antibacterianas e anticancerígenas.

# Conteúdo

# CAPÍTULO 1

## 1 Importância biológica dos derivados da 1,4-Dihidropiridina

1.4- A dihidropiridina (DHP) é um composto orgânico heterocíclico e um anel de seis membros que contém azoto na posição $1^{st}$, que é saturado nas posições $1^{st}$ e $4^{th}$, que são 1,4-DHP. A 1,4-dihidropiridina representa uma classe de fármacos útil e variada, apresentando uma grande importância farmacêutica. A posição $4^{th}$ do anel DHP possui uma vasta gama de actividades biológicas e farmacológicas.

Os derivados de DHP são importantes devido às suas diversas actividades biológicas, tais como actividades anti-hipertensivas [1-4], anti-inflamatórias [5] e anti-isquémicas [6] e também como moduladores dos canais de cálcio do tipo nifedipina [7].

Foram relatadas diversas actividades biológicas para os derivados de DHP, que são apresentadas a seguir.

A diludina, a nifedpina, a nisoldipina, o Bay K8644, a felodipina, a nitrendipina, etc., têm múltiplas actividades farmacológicas, incluindo anti-hipertensores e agonistas dos canais de cálcio.

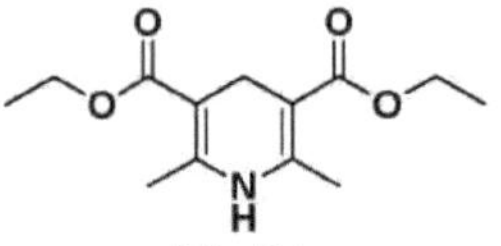

Diludine 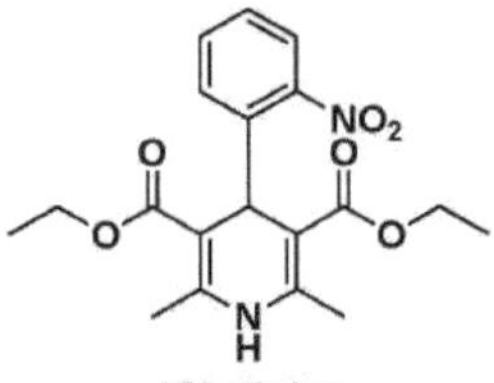 | Nifedipine 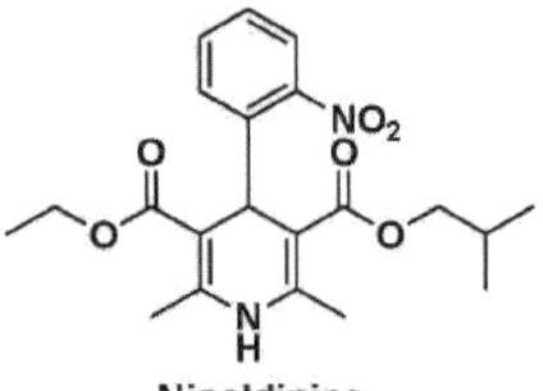 | Nisoldipine

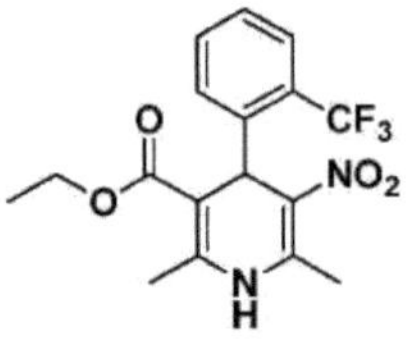

Bay K 8644 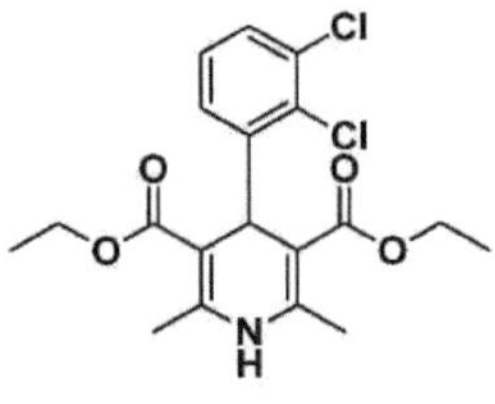 | Felodipine 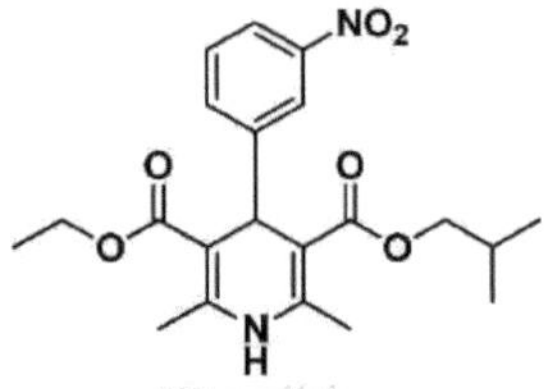 | Nitrendipine

# CAPÍTULO 2

## 2 Relatório da estrutura de raios X

## 2.4- Experimentais

### 2.4.1 Recolha de dados

- Um cristal incolor de C18¾0NO2S com dimensões aproximadas de 0,300 × 0,260 × 0,190 mm foi montado numa fibra de vidro.
- Todas as medições foram efectuadas num minidifractómetro Rigaku SCX, utilizando radiação Mo-Kα monocromática de grafite.
- A distância entre o cristal e o detetor foi de 52,00 mm.
- As constantes celulares e uma matriz de orientação para a recolha de dados corresponderam a uma célula triclínica primitiva com dimensões:
- a = 30,966(8) A
- b = 11.860(3)A
- c = 9.100(2)A
- V = 3342(2) A .$^{3}$
- ParaZ = 8eF.W. = 314,42.
- A densidade calculada é de 1,250 g/cm .$^{3}$
- As condições de reflexão de: 0kl: k = 2n
- h0l: l = 2n
- hk0: h = 2n
- Com base numa análise estatística da distribuição da intensidade, e na solução e refinamento bem sucedidos da estrutura.
- O grupo espacial foi determinado como sendo: Pbca (#61).
- Os dados foram recolhidos a uma temperatura de 20+ 1 °C até um valor máximo de 2θ de 55,0°.
- Foi recolhido um total de 540 imagens de oscilação. Foi efectuada uma varredura de dados utilizando oscilações de -120,0 a 60,0° em passos de 1,0°.
- A taxa de exposição foi de 10,0 [seg./°]. O ângulo de oscilação do detetor foi de -30,80°.
- Foi efectuada uma segunda varredura com oscilações de -120,0 a 60,0° em passos de 1,0°.
- A taxa de exposição foi de 10,0 [seg./°]. O ângulo de oscilação do detetor foi de 30 ,80°.
- Foi efectuada outra varredura com oscilações de -120,0 a 60,0° em passos de 1,0°.
- A taxa de exposição foi de 10,0 [seg./°].
- O ângulo de oscilação do detetor foi de -30,80°.
- A distância entre o cristal e o detetor foi de 52,00 mm.
- A leitura foi efectuada no modo de píxeis de 0,146 mm.
- A leitura foi efectuada no modo de píxeis de 0,000 mm.

### 2.4.2 Redução de dados

> Das 5727 reflexões recolhidas, 3395 eram únicas ($R_{int}$ = 0,0430); as reflexões equivalentes foram fundidas.
> Os dados foram recolhidos e processados com Crystal Clear (Rigaku).
> O coeficiente de absorção linear, m, para a radiação Mo-Kα é de 1,086 $cm^{-1}$.
> Foi aplicada uma correção de absorção empírica que resultou em factores de transmissão que variam entre 0,306 e 0,963 [8]. .
> Os dados foram corrigidos para efeitos de Lorentz e de polarização.

### 2.1.3 Solução e refinamento da estrutura

> A estrutura foi resolvida por métodos diretos [9] e expandida utilizando técnicas de Fourier.
> Os átomos que não são de hidrogénio foram refinados anisotropicamente.
> Os átomos de hidrogénio foram refinados utilizando o modelo de equitação.
> O ciclo final de refinamento de mínimos quadrados de matriz completa [10] em F foi baseado em 3387 reflexões observadas e 208 parâmetros variáveis e convergiu (a maior mudança de parâmetro foi 0,00 vezes o seu esd) com factores de concordância não ponderados e ponderados de:

$$R_1 = \sum ||Fo| - |Fc|| / S |Fo| = 0.0821$$

$$wR_2 = [ \sum ( w (Fo^2 - Fc^2)^2 ) / S w(Fo^2)^2]^{1/2} = 0.1670$$

> O desvio-padrão de uma observação de peso unitário [11] foi de 1,05.
> Foram utilizados pesos unitários. Os picos máximo e mínimo no mapa final da diferença de Fourier corresponderam a 0,22 e -0,21 $e^-/A$ , respetivamente.
> Os factores de dispersão dos átomos neutros foram retirados de Cromer e Waber [12].
> Os efeitos anómalos de dispersão foram incluídos em $F_{calc}$ [13].
> Os valores de Δf e Δf' foram os de Creagh e McAuley [14].
> Os valores dos coeficientes de atenuação de massa são os de Creagh e Hubbell[15].
> Todos os cálculos foram efectuados utilizando o pacote de software cristalográfico Crystal Structure [16], exceto o refinamento, que foi efectuado utilizando o SHELXL-97 [17].

## 2.2 Dados de cristal

| Empirical Formula | $C_{18}H_{20}NO_2S$ |
|---|---|
| Formula Weight | 314.42 |
| Crystal Color, Habit | colorless, prism |
| Crystal Dimensions | 0.300 × 0.260 ×0.190 mm |
| Crystal System | orthorhombic |
| Lattice Type | Primitive |
| Lattice Parameters | a = 30.966(8) Å<br>b = 11.860(3) Å<br>c = 9.100(2) Å<br>α = 90.000(4) o<br>β = 90.000(4) o<br>δ = 90.000(4) o<br>V = 3342(2) $Å^3$ |
| Space Group | $P_{bca}$ (#61) |
| Z value | 2 |
| $D_{calc}$ | 1.225 $g/cm^3$ |
| $F_{000}$ | 1336.00 |
| μ(MoKα) | 2.000 $cm^{-1}$ |

## 2.3 Medições de intensidade

| Empirical Formula | $C_{18}H_{20}NO_2S$ |
|---|---|
| Radiation | MoKα (λ = 0.71075 Å)<br>graphite monochromated |
| Crystal Color, Habit | red, chip |
| Crystal Dimensions | 0.520 ×0.320 × 0.300 mm |
| Voltage, Current | 50kV, 30mA |
| Temperature | 20.0 °C |
| Detector Aperture | 75 mm (diameter) |
| Data Images | 540 exposures |
| Pixel Size | 0.146 mm |
| Detector Swing Angle | -30.80° |
| 2θmax | 55.0° |
| No. of Reflections Measured | Total: 5727<br>Unique: 3387 (Rint = 0.0183) |
| Corrections | Lorentz-polarization<br>Absorption(trans. factors: 0.306 - 0.968) |

## 2.4 Solução e refinamento da estrutura

| Structure Solution | Direct Methods (SHELXD) |
|---|---|
| **Refinement** | Full-matrix least-squares on $F^2$ |
| **Function Minimized** | $\Sigma\ \omega\ (Fo2 - F_c^2)^2$ |
| **Least Squares Weights** | $w = 1/ [ \sigma 2(F_o^2) + (0.1007\ .\ P)^2 + 0.1956P]$ where $P = (Max(F_o^2,0) + 2F_c^2)/3$ |
| **2θmax cutoff** | 55.0° |
| **Anomalous Dispersion** | All non-hydrogen atoms |
| **No. Observations (All reflections)** | 3387 |
| **No. Variables** | 208 |
| **Reflection/Parameter Ratio** | 16.28 |
| **Residuals: R1 (I>2.00σ(I))** | 0.0821 |
| **Residuals: R (All reflections)** | 0.1336 |
| **Residuals: wR2 (All reflections)** | 0.1670 |
| **Goodness of Fit Indicator** | 1.046 |
| **Max Shift/Error in Final Cycle** | 0.044 |
| **Maximum peak in Final Diff. Map** | 0.22 e /Å$^3$ |
| **Minimum peak in Final Diff. Map** | -0.21e /Å$^3$ |

## 2.5 Detalhes da tabela de análise

### 2.5.1 Quadro-1 Coordenadas atómicas e Biso/Beq

| atom | x | y | z | Beq |
|---|---|---|---|---|
| S1 | 0.50107(3) | 0.09822(9) | -0.2279(1) | 4.10(3) |
| O2 | 0.72953(9) | 0.2501(3) | 0.0779(4) | 6.21(8) |
| O3 | 0.6132(2) | -0.1662(4) | 0.4843(5) | 9.9(2) |
| N23 | 0.7022(1) | -0.0926(3) | 0.1475(4) | 3.38(7) |
| C5 | 0.6068(1) | 0.0780(3) | 0.1218(4) | 2.63(6) |
| C6 | 0.5767(1) | 0.1650(3) | 0.1254(4) | 3.41(7) |
| C7 | 0.6428(1) | 0.0697(3) | 0.2362(4) | 2.97(7) |
| C8 | 0.6449(1) | -0.0468(4) | 0.3066(4) | 3.18(7) |
| C9 | 0.6029(1) | 0.0000(3) | 0.0094(4) | 3.33(7) |
| C10 | 0.5710(1) | 0.0079(3) | -0.0945(4) | 3.25(7) |
| C11 | 0.5411(1) | 0.0960(3) | -0.0906(4) | 2.91(7) |
| C12 | 0.5445(1) | 0.1738(4) | 0.0202(5) | 3.63(8) |
| C13 | 0.6988(2) | 0.2197(3) | 0.1534(5) | 3.88(8) |
| C14 | 0.7121(1) | 0.0176(3) | 0.1141(4) | 3.11(7) |
| C15 | 0.6149(2) | -0.0740(5) | 0.4268(5) | 4.9(1) |
| C16 | 0.6767(2) | -0.2458(4) | 0.2967(5) | 4.9(1) |
| C17 | 0.4693(2) | 0.2196(4) | -0.1842(5) | 5.4(1) |
| C18 | 0.6862(1) | 0.1011(3) | 0.1673(4) | 2.94(7) |
| C19 | 0.7518(2) | 0.0300(4) | 0.0213(5) | 4.64(9) |
| C20 | 0.6738(2) | 0.3080(4) | 0.2363(6) | 6.0(2) |
| C21 | 0.6729(1) | -0.1239(3) | 0.2537(4) | 3.31(7) |
| C22 | 0.5835(2) | 0.0140(5) | 0.4778(5) | 6.2(2) |

Beq = 8/3 $\pi^2(U_{11}(aa^*)^2 + U_{22}(bb^*)^2 + U_{33}(cc^*)^2 + 2U_{12}(aa^*bb^*)\cos\beta + 2U_{13}(aa^*cc^*)\cos\beta +$ $2U23(bb^*cc^*)\cos\alpha)$

### 2.5.2 Quadro-2 Coordenadas atómicas e Biso envolvendo átomos de hidrogénio

| Atom | x | y | z | $B_{iso}$ |
|---|---|---|---|---|
| **H4** | 0.719(1) | -0.135(3) | 0.122(4) | 3(1) |
| **H6** | 0.5782 | 0.2185 | 0.2000 | 4.09 |
| **H7** | 0.6366 | 0.1245 | 0.3140 | 3.56 |
| **H9** | 0.6225 | -0.0593 | 0.0042 | 4.00 |
| **H10** | 0.5692 | -0.0461 | -0.1684 | 3.90 |
| **H12** | 0.5249 | 0.2332 | 0.0249 | 4.35 |
| **H16A** | 0.6525 | -0.2869 | 0.2582 | 5.84 |
| **H16B** | 0.6770 | -0.2519 | 0.4019 | 5.84 |
| **H16C** | 0.7030 | -0.2764 | 0.2575 | 5.84 |
| **H17A** | 0.4872 | 0.2856 | -0.1861 | 6.52 |
| **H17B** | 0.4570 | 0.2109 | -0.0879 | 6.52 |
| **H17C** | 0.4465 | 0.2275 | -0.2550 | 6.52 |
| **H19A** | 0.7745 | 0.0629 | 0.0788 | 5.57 |
| **H19B** | 0.7456 | 0.0777 | -0.0612 | 5.57 |
| **H19C** | 0.7608 | -0.0429 | -0.0132 | 5.57 |
| **H20A** | 0.6449 | 0.3123 | 0.1980 | 7.19 |
| **H20B** | 0.6877 | 0.3798 | 0.2253 | 7.19 |
| **H22A** | 0.5637 | -0.0190 | 0.5465 | 7.43 |
| **H22B** | 0.5678 | 0.0429 | 0.3949 | 7.43 |
| **H22C** | 0.5989 | 0.0743 | 0.5245 | 7.43 |

## 2.5.3 Tabela-3 Parâmetros de deslocamento anisotrópico

| Table 3. Anisotropic displacement parameters | | | | | | |
|---|---|---|---|---|---|---|
| **Atom** | $U_{11}$ | $U_{22}$ | $U_{33}$ | $U_{12}$ | $U_{13}$ | $U_{23}$ |
| **S1** | 0.0568(6) | 0.0530(7) | 0.0462(6) | 0.0015(5) | -0.0114(6) | 0.0051(6) |
| **O2** | 0.074(2) | 0.039(2) | 0.123(3) | -0.020(2) | 0.017(2) | 0.005(2) |
| **O3** | 0.131(4) | 0.117(4) | 0.127(4) | 0.012(3) | 0.058(3) | 0.075(3) |
| **N23** | 0.050(2) | 0.027(2) | 0.051(2) | 0.005(2) | 0.004(2) | 0.001(2) |
| **C5** | 0.038(2) | 0.029(2) | 0.033(2) | -0.001(2) | 0.004(2) | -0.001(2) |
| **C6** | 0.055(3) | 0.031(2) | 0.044(2) | 0.004(2) | -0.003(2) | -0.010(2) |
| **C7** | 0.045(2) | 0.033(2) | 0.035(2) | -0.000(2) | -0.002(2) | -0.006(2) |
| **C8** | 0.048(2) | 0.042(3) | 0.031(2) | -0.007(2) | -0.002(2) | 0.005(2) |
| **C9** | 0.049(2) | 0.033(2) | 0.045(2) | 0.008(2) | -0.003(2) | -0.005(2) |
| **C10** | 0.059(3) | 0.030(2) | 0.035(2) | 0.000(2) | -0.002(2) | -0.008(2) |
| **C11** | 0.046(2) | 0.031(2) | 0.034(2) | -0.001(2) | 0.002(2) | 0.004(2) |
| **C12** | 0.048(2) | 0.039(3) | 0.051(3) | 0.013(2) | -0.002(2) | -0.001(3) |
| **C13** | 0.050(2) | 0.033(3) | 0.065(3) | -0.004(2) | -0.012(2) | -0.004(3) |
| **C14** | 0.045(2) | 0.028(2) | 0.046(2) | -0.001(2) | -0.002(2) | 0.002(2) |
| **C15** | 0.066(3) | 0.076(4) | 0.044(3) | -0.008(3) | 0.003(2) | 0.016(3) |
| **C16** | 0.079(3) | 0.037(3) | 0.070(3) | -0.005(2) | -0.003(3) | 0.018(3) |
| **C17** | 0.058(3) | 0.070(4) | 0.079(3) | 0.016(3) | -0.012(3) | 0.009(3) |
| **C18** | 0.042(2) | 0.028(2) | 0.042(2) | -0.003(2) | -0.007(2) | -0.001(2) |
| **C19** | 0.055(3) | 0.043(3) | 0.079(3) | 0.003(2) | 0.011(3) | 0.010(3) |
| **C20** | 0.094(4) | 0.029(3) | 0.105(4) | -0.007(3) | -0.001(3) | -0.016(3) |
| **C21** | 0.050(2) | 0.036(2) | 0.040(2) | -0.007(2) | -0.008(2) | 0.007(2) |
| **C22** | 0.080(4) | 0.107(5) | 0.048(3) | -0.009(4) | 0.025(3) | -0.000(3) |

**The general temperature factor expression: $\exp(-2\pi 2(a^*2U_{11}h^2 + b^*2U_{22}k_2 + c^*2U_{33}l^2 + 2a^*b^*U_{12}hk + 2a^*c^*U_{13}hl + 2b^*c^*U_{23}kl))$**

2.5.4 Tabela-4 Comprimentos de ligação (A)

| Atom | Atom | Distance | | Atom | Atom | Distance |
|---|---|---|---|---|---|---|
| **S1** | C11 | 1.761(4) | | S1 | C17 | 1.789(5) |
| **O2** | C13 | 1.228(5) | | O3 | C15 | 1.214(7) |
| **N23** | C14 | 1.377(5) | | N23 | C21 | 1.375(5) |
| **C5** | C6 | 1.391(5) | | C5 | C7 | 1.528(5) |
| **C5** | C9 | 1.384(5) | | C6 | C12 | 1.386(5) |
| **C7** | C8 | 1.525(5) | | C7 | C18 | 1.531(5) |
| **C8** | C15 | 1.470(6) | | C8 | C21 | 1.349(5) |
| **C9** | C10 | 1.371(5) | | C10 | C11 | 1.396(5) |
| **C11** | C12 | 1.371(6) | | C13 | C18 | 1.465(5) |
| **C13** | C20 | 1.505(6) | | C14 | C18 | 1.362(5) |
| **C14** | C19 | 1.500(6) | | C15 | C22 | 1.499(7) |
| **C16** | C21 | 1.502(6) | | | | |

### 2.5.5 Tabela-5 Comprimentos de ligação envolvendo hidrogénios (A)

| Atom | Atom | Distance | | Atom | Atom | Distance |
|---|---|---|---|---|---|---|
| **N23** | H4 | 0.77(4) | | C6 | H6 | 0.930 |
| **C7** | H7 | 0.980 | | C9 | H9 | 0.930 |
| **C10** | H10 | 0.930 | | C12 | H12 | 0.930 |
| **C16** | H16A | 0.960 | | C16 | H16B | 0.960 |
| **C16** | H16C | 0.960 | | C17 | H17A | 0.960 |
| **C17** | H17B | 0.960 | | C17 | H17C | 0.960 |
| **C19** | H19A | 0.960 | | C19 | H19B | 0.960 |
| **C19** | H19C | 0.960 | | C20 | H20A | 0.960 |
| **C20** | H20B | 0.960 | | C20 | H20C | 0.960 |
| **C22** | H22A | 0.960 | | C22 | H22B | 0.960 |
| **C22** | H22C | 0.960 | | | | |

2.5.6 Tabela-6 Ângulos de ligação ( )$^0$

| Atom | Atom | Atom | Angle | | Atom | Atom | Atom | Angle |
|---|---|---|---|---|---|---|---|---|
| **C11** | S1 | C17 | 103.98(19) | | C14 | N23 | C21 | 123.9(4) |
| **C6** | C5 | C7 | 121.4(3) | | C6 | C5 | C9 | 117.1(3) |
| **C7** | C5 | C9 | 121.5(3) | | C5 | C6 | C12 | 121.4(4) |
| **C5** | C7 | C8 | 112.1(3) | | C5 | C7 | C18 | 110.3(3) |
| **C8** | C7 | C18 | 110.9(3) | | C7 | C8 | C15 | 119.0(4) |
| **C7** | C8 | C21 | 119.4(3) | | C15 | C8 | C21 | 121.6(4) |
| **C5** | C9 | C10 | 121.7(4) | | C9 | C10 | C11 | 120.8(4) |
| **S1** | C11 | C10 | 117.4(3) | | S1 | C11 | C12 | 124.5(3) |
| **C10** | C11 | C12 | 118.1(4) | | C6 | C12 | C11 | 120.8(4) |
| **O2** | C13 | C18 | 122.4(4) | | O2 | C13 | C20 | 118.4(4) |
| **C18** | C13 | C20 | 119.2(4) | | N23 | C14 | C18 | 118.7(4) |
| **N23** | C14 | C19 | 113.6(3) | | C18 | C14 | C19 | 127.7(4) |
| **O3** | C15 | C8 | 123.1(5) | | O3 | C15 | C22 | 117.7(5) |
| **C8** | C15 | C22 | 119.1(4) | | C7 | C18 | C13 | 120.2(3) |
| **C7** | C18 | C14 | 119.0(3) | | C13 | C18 | C14 | 120.8(3) |
| **N23** | C21 | C8 | 119.5(4) | | N23 | C21 | C16 | 113.0(3) |
| **C8** | C21 | C16 | 127.5(4) | | | | | |

2.5.7 Tabela-7 Ângulos de ligação envolvendo hidrogénios ( )$^0$

| Atom | Atom | Atom | Angle | | Atom | Atom | Atom | Angle |
|---|---|---|---|---|---|---|---|---|
| **C14** | N23 | H4 | 113(3) | | C21 | N23 | H4 | 120(3) |
| **C5** | C6 | H6 | 119.3 | | C12 | C6 | H6 | 119.3 |
| **C5** | C7 | H7 | 107.8 | | C8 | C7 | H7 | 107.8 |
| **C18** | C7 | H7 | 107.8 | | C5 | C9 | H9 | 119.1 |
| **C10** | C9 | H9 | 119.1 | | C9 | C10 | H10 | 119.6 |
| **C11** | C10 | H10 | 119.6 | | C6 | C12 | H12 | 119.6 |
| **C11** | C12 | H12 | 119.6 | | C21 | C16 | H16A | 109.5 |
| **C21** | C16 | H16B | 109.5 | | C21 | C16 | H16C | 109.5 |
| **H16A** | C16 | H16B | 109.5 | | H16A | C16 | H16C | 109.5 |
| **H16B** | C16 | H16C | 109.5 | | S1 | C17 | H17A | 109.5 |
| **S1** | C17 | H17B | 109.5 | | S1 | C17 | H17C | 109.5 |
| **H17A** | C17 | H17B | 109.5 | | H17A | C17 | H17C | 109.5 |
| **H17B** | C17 | H17C | 109.5 | | C14 | C19 | H19A | 109.5 |
| **C14** | C19 | H19B | 109.5 | | C14 | C19 | H19C | 109.5 |
| **H19A** | C19 | H19B | 109.5 | | H19A | C19 | H19C | 109.5 |
| **H19B** | C19 | H19C | 109.5 | | C13 | C20 | H20A | 109.5 |
| **C13** | C20 | H20B | 109.5 | | C13 | C20 | H20C | 109.5 |
| **H20A** | C20 | H20B | 109.5 | | H20A | C20 | H20C | 109.5 |
| **H20B** | C20 | H20C | 109.5 | | C15 | C22 | H22A | 109.5 |
| **C15** | C22 | H22B | 109.5 | | C15 | C22 | H22C | 109.5 |
| **H22A** | C22 | H22B | 109.5 | | H22A | C22 | H22C | 109.5 |
| **H22B** | C22 | H22C | 109.5 | | | | | |

**2.5.8 Tabela-8 Ângulos de torção($^0$ ) (Excluem-se os que têm ângulos de ligação > 160 ou < 20 graus).**

| Atom[1] | Atom[2] | Atom[3] | Atom[4] | Angle |
|---|---|---|---|---|
| **C17** | S1 | C11 | C10 | 179.0(3) |
| **C17** | S1 | C11 | C12 | -0.1(4) |
| **C14** | N23 | C21 | C8 | 15.8(6) |
| **C14** | N23 | C21 | C16 | -164.4(3) |
| **C21** | N23 | C14 | C18 | -13.1(5) |
| **C21** | N23 | C14 | C19 | 166.4(3) |
| **C6** | C5 | C7 | C8 | 128.7(3) |
| **C6** | C5 | C7 | C18 | -107.3(4) |
| **C7** | C5 | C6 | C12 | 178.8(3) |
| **C6** | C5 | C9 | C10 | 0.2(5) |
| **C9** | C5 | C6 | C12 | -0.6(5) |
| **C7** | C5 | C9 | C10 | -179.2(3) |
| **C9** | C5 | C7 | C8 | -51.9(4) |
| **C9** | C5 | C7 | C18 | 72.1(4) |
| **C5** | C6 | C12 | C11 | 0.5(6) |
| **C5** | C7 | C8 | C15 | -81.4(4) |
| **C5** | C7 | C8 | C21 | 96.1(4) |
| **C5** | C7 | C18 | C13 | 82.9(4) |
| **C5** | C7 | C18 | C14 | -94.6(4) |
| **C8** | C7 | C18 | C13 | -152.5(3) |
| **C8** | C7 | C18 | C14 | 30.1(4) |
| **C18** | C7 | C8 | C15 | 155.0(3) |
| **C18** | C7 | C8 | C21 | -27.5(4) |
| **C7** | C8 | C15 | O3 | 176.7(4) |
| **C7** | C8 | C15 | C22 | -0.6(5) |
| **C7** | C8 | C21 | N23 | 6.6(5) |
| **C7** | C8 | C21 | C16 | -173.1(3) |
| **C15** | C8 | C21 | N23 | -175.9(3) |
| **C15** | C8 | C21 | C16 | 4.3(6) |
| **C21** | C8 | C15 | O3 | -0.7(6) |
| **C21** | C8 | C15 | C22 | -178.1(3) |
| **C5** | C9 | C10 | C11 | 0.3(6) |
| **C9** | C10 | C11 | S1 | -179.5(3) |
| **C9** | C10 | C11 | C12 | -0.4(5) |
| **S1** | C11 | C12 | C6 | 179.0(3) |
| **C10** | C11 | C12 | C6 | 0.0(5) |
| **O2** | C13 | C18 | C7 | -167.5(4) |
| **O2** | C13 | C18 | C14 | 9.9(6) |
| **C20** | C13 | C18 | C7 | 13.5(6) |
| **C20** | C13 | C18 | C14 | -169.1(4) |
| **N23** | C14 | C18 | C7 | -11.6(5) |
| **N23** | C14 | C18 | C13 | 170.9(3) |
| **C19** | C14 | C18 | C7 | 169.0(4) |
| **C19** | C14 | C18 | C13 | -8.5(6) |

### 2.5.9 Tabela-9 Contactos intramoleculares inferiores a 3,60 A

| Atom | Atom | Distance | | Atom | Atom | Distance |
|---|---|---|---|---|---|---|
| **O2** | C14 | 2.828(5) | | O2 | C19 | 2.749(5) |
| **O3** | C16 | 2.770(6) | | O3 | C21 | 2.842(6) |
| **N23** | C5 | 3.588(5) | | N23 | C7 | 2.782(5) |
| **N23** | C9 | 3.497(5) | | C5 | C11 | 2.814(5) |
| **C5** | C13 | 3.320(5) | | C5 | C14 | 3.340(5) |
| **C5** | C15 | 3.319(6) | | C5 | C20 | 3.582(6) |
| **C5** | C21 | 3.371(5) | | C5 | C22 | 3.404(6) |
| **C6** | C10 | 2.740(5) | | C6 | C18 | 3.497(5) |
| **C6** | C20 | 3.596(6) | | C7 | C20 | 2.985(6) |
| **C7** | C22 | 2.939(6) | | C8 | C9 | 3.051(5) |
| **C8** | C14 | 2.827(5) | | C9 | C12 | 2.744(5) |
| **C9** | C14 | 3.519(5) | | C9 | C18 | 3.187(5) |
| **C9** | C21 | 3.435(5) | | C12 | C17 | 3.030(6) |
| **C13** | C19 | 3.034(6) | | C15 | C16 | 3.036(7) |
| **C18** | C21 | 2.812(5) | | | | |

**2.5.10 Quadro-11 Contactos intermoleculares inferiores a 3,60 A**

| Atom | Atom | Distance | | Atom | Atom | Distance |
|---|---|---|---|---|---|---|
| **S1** | H10 | 2.770 | | S1 | H12 | 2.899 |
| **O2** | H19A | 2.621 | | O2 | H19B | 2.455 |
| **O2** | H20A | 2.933 | | O2 | H20B | 2.418 |
| **O2** | H20C | 2.988 | | O3 | H16A | 2.787 |
| **O3** | H16B | 2.346 | | O3 | H22A | 2.392 |
| **O3** | H22B | 2.964 | | O3 | H22C | 2.910 |
| **N23** | H9 | 2.818 | | N23 | H16A | 2.947 |
| **N23** | H16B | 3.087 | | N23 | H16C | 2.398 |
| **N23** | H19A | 2.970 | | N23 | H19B | 3.082 |
| **N23** | H19C | 2.405 | | C5 | H10 | 3.240 |
| **C5** | H12 | 3.254 | | C5 | H20A | 3.097 |
| **C5** | H22B | 2.794 | | C6 | H7 | 2.572 |
| **C6** | H9 | 3.211 | | C6 | H20A | 2.820 |
| **C6** | H22B | 2.862 | | C7 | H4 | 3.55(4) |
| **C7** | H6 | 2.687 | | C7 | H9 | 2.682 |
| **C7** | H20A | 2.899 | | C7 | H20C | 2.906 |
| **C7** | H22B | 2.752 | | C7 | H22C | 2.955 |
| **C8** | H4 | 3.04(4) | | C8 | H9 | 2.842 |
| **C8** | H16A | 2.891 | | C8 | H16B | 2.768 |
| **C8** | H16C | 3.294 | | C8 | H22A | 3.346 |
| **C8** | H22B | 2.732 | | C8 | H22C | 2.832 |
| **C9** | H6 | 3.211 | | C9 | H7 | 3.309 |
| **C10** | H12 | 3.218 | | C11 | H6 | 3.228 |
| **C11** | H9 | 3.239 | | C11 | H17A | 2.932 |
| **C11** | H17B | 2.938 | | C12 | H10 | 3.214 |
| **C12** | H17A | 2.903 | | C12 | H17B | 2.915 |
| **C13** | H7 | 2.668 | | C13 | H19A | 3.069 |
| **C13** | H19B | 2.958 | | C14 | H7 | 3.222 |
| **C14** | H9 | 3.087 | | C15 | H7 | 2.655 |
| **C15** | H16A | 3.177 | | C15 | H16B | 2.864 |
| **C16** | H4 | 2.46(4) | | C17 | H12 | 2.572 |
| **C18** | H4 | 3.01(4) | | C18 | H9 | 3.117 |
| **C18** | H19A | 2.886 | | C18 | H19B | 2.789 |
| **C18** | H19C | 3.308 | | C18 | H20A | 2.826 |
| **C18** | H20B | 3.348 | | C18 | H20C | 2.744 |
| **C19** | H4 | 2.38(4) | | C20 | H6 | 3.161 |
| **C20** | H7 | 2.561 | | C21 | H7 | 3.200 |

2.5.11 Quadro-12 Contactos intermoleculares inferiores a 3,60A

| Atom | Atom | Distance | | Atom | Atom | Distance |
|---|---|---|---|---|---|---|
| **C21** | H9 | 2.860 | | C22 | H6 | 3.508 |
| **C22** | H7 | 2.577 | | H4 | H9 | 3.310 |
| **H4** | H16A | 3.018 | | H4 | H16B | 3.189 |
| **H4** | H16C | 2.149 | | H4 | H19A | 2.923 |
| **H4** | H19B | 3.125 | | H4 | H19C | 2.079 |
| **H6** | H7 | 2.364 | | H6 | H12 | 2.300 |
| **H6** | H20A | 2.347 | | H6 | H20C | 3.292 |
| **H6** | H22B | 2.755 | | H6 | H22C | 3.473 |
| **H7** | H9 | 3.590 | | H7 | H20A | 2.477 |
| **H7** | H20B | 3.511 | | H7 | H20C | 2.252 |
| **H7** | H22A | 3.532 | | H7 | H22B | 2.452 |
| **H7** | H22C | 2.321 | | H9 | H10 | 2.284 |
| **H12** | H17A | 2.332 | | H12 | H17B | 2.355 |
| **C21** | H9 | 2.860 | | C22 | H6 | 3.508 |
| **C22** | H7 | 2.577 | | H4 | H9 | 3.310 |
| **H4** | H16A | 3.018 | | H4 | H16B | 3.189 |
| **H4** | H16C | 2.149 | | H4 | H19A | 2.923 |
| **H4** | H19B | 3.125 | | H4 | H19C | 2.079 |
| **H6** | H7 | 2.364 | | H6 | H12 | 2.300 |
| **H7** | H9 | 3.590 | | H7 | H20A | 2.477 |
| **H7** | H20B | 3.511 | | H7 | H20C | 2.252 |
| **H7** | H22A | 3.532 | | H7 | H22B | 2.452 |
| **H7** | H22C | 2.321 | | H9 | H10 | 2.284 |
| **H12** | H17A | 2.332 | | H12 | H17B | 2.355 |
| **H12** | H17C | 3.520 | | | | |
| **O2** | N23[1] | 2.891(5) | | O2 | C16[1] | 3.521(6) |
| **O2** | C19[1] | 3.408(5) | | O3 | C17[2] | 3.415(6) |
| **N23** | O2[3] | 2.891(5) | | C16 | O2[3] | 3.521(6) |
| **C17** | O3[4] | 3.415(6) | | C19 | O2[3] | 3.408(5) |
| **C19** | C21[5] | 3.550(6) | | C21 | C19[6] | 3.550(6) |

Operadores de simetria:

(1) -X, -Y, -Z+2

(2) X-1,Y,Z

(3) -X+1, -Y+1, -Z+2

(4) -X+1, -Y, -Z+2

(5) -X+2, -Y+1, -Z+2

(6) X+1,Y,Z

(7) -X, -Y, -Z+1

### 2.5.12 Quadro-13 Contactos intermoleculares inferiores a 3,60 A envolvendo hidrogénios

| Atom | Atom | Distance | | Atom | Atom | Distance |
|---|---|---|---|---|---|---|
| **S1** | H6[1] | 3.296 | | S1 | H12[1] | 3.099 |
| **S1** | H22A[2] | 3.147 | | S1 | H22B[3] | 3.109 |
| **O2** | H4[4] | 2.13(4) | | O2 | H16B[5] | 3.308 |
| **O2** | H16C[4] | 2.672 | | O2 | H19C[4] | 2.609 |
| **O2** | H20C[1] | 2.836 | | O3 | H9[6] | 3.273 |
| **O3** | H16A[6] | 2.829 | | O3 | H17B[7] | 2.783 |
| **O3** | H17C[3] | 2.881 | | O3 | H17C[7] | 3.327 |
| **N23** | H16B[8] | 3.000 | | N23 | H19B[9] | 3.110 |
| **N23** | H20B[10] | 3.498 | | C6 | H17A[11] | 3.311 |
| **C6** | H22C[1] | 3.298 | | C8 | H17C[3] | 3.580 |
| **C8** | H19A[9] | 3.522 | | C8 | H19C[9] | 3.516 |
| **C9** | H17B[3] | 3.196 | | C10 | H17B[3] | 3.200 |
| **C10** | H22A[2] | 3.291 | | C11 | H6[1] | 3.129 |
| **C12** | H6[1] | 3.349 | | C12 | H17A[11] | 3.243 |
| **C12** | H22C[1] | 3.430 | | C13 | H4[4] | 3.08(4) |
| **C13** | H16C[4] | 3.186 | | C13 | H19C[4] | 3.434 |
| **C13** | H20C[1] | 2.978 | | C14 | H19B[9] | 3.424 |
| **C14** | H19C[9] | 3.507 | | C15 | H17C[3] | 3.062 |
| **C16** | H4[6] | 3.54(4) | | C16 | H9[6] | 3.424 |
| **C16** | H16B[8] | 3.593 | | C16 | H19A[10] | 3.370 |
| **C16** | H19B[9] | 3.381 | | C17 | H10[12] | 3.308 |
| **C17** | H12[1] | 3.209 | | C17 | H22A[13] | 3.496 |
| **C18** | H19C[9] | 3.409 | | C18 | H20C[1] | 3.293 |
| **C19** | H16C[4] | 3.443 | | C19 | H20B[10] | 3.182 |
| **C19** | H20B[1] | 3.513 | | C20 | H4[4] | 3.53(4) |
| **C20** | H19B[11] | 3.191 | | C20 | H19C[4] | 3.520 |
| **C20** | H22C[1] | 3.322 | | C21 | H16B[8] | 3.527 |
| **C21** | H19A[9] | 3.453 | | C21 | H19B[9] | 3.083 |
| **C21** | H19C[9] | 3.554 | | C22 | H10[14] | 3.328 |
| **C22** | H12[11] | 3.531 | | C22 | H20A[11] | 3.447 |
| **H4** | O2[10] | 2.13(4) | | H4 | C13[10] | 3.08(4) |
| **H4** | C16[8] | 3.54(4) | | H4 | C20[10] | 3.53(4) |
| **H4** | H16B[8] | 2.746 | | H4 | H16C[8] | 3.516 |
| **H4** | H19B[9] | 3.155 | | H4 | H20B[10] | 3.029 |
| **H6** | S1[11] | 3.296 | | H6 | C11[11] | 3.129 |
| **H6** | C12[11] | 3.349 | | H6 | H12[11] | 3.434 |
| **H6** | H17A[11] | 3.003 | | H6 | H22C[1] | 3.000 |
| **H7** | H20A[11] | 3.584 | | H9 | O3[8] | 3.273 |
| **H9** | C16[8] | 3.424 | | H9 | H16A[8] | 3.034 |
| **H9** | H16B[8] | 2.954 | | H9 | H17B[3] | 3.143 |
| **H10** | C17[15] | 3.308 | | H10 | C22[2] | 3.328 |
| **H10** | H16A[8] | 3.321 | | H10 | H17A[15] | 2.965 |
| **H10** | H17B[3] | 3.149 | | H10 | H17C[15] | 2.817 |
| **H10** | H22A[2] | 2.621 | | H10 | H22C[2] | 3.271 |

| | | | | | | |
|---|---|---|---|---|---|---|
| **H12** | S1$^{11}$ | 3.099 | | H12 | C17$^{11}$ | 3.209 |
| **H12** | C22$^{1}$ | 3.531 | | H12 | H6$^{1}$ | 3.434 |
| **H12** | H17A$^{11}$ | 2.886 | | H12 | H17C$^{11}$ | 3.183 |
| **H12** | H22B$^{1}$ | 3.196 | | H12 | H22C$^{1}$ | 3.235 |
| **H16A** | O3$^{8}$ | 2.829 | | H16A | H9$^{6}$ | 3.034 |
| **H16A** | H10$^{6}$ | 3.321 | | H16A | H16B$^{8}$ | 3.362 |
| **H16A** | H17C$^{3}$ | 3.146 | | H16A | H19A$^{10}$ | 3.307 |
| **H16B** | O2$^{9}$ | 3.308 | | H16B | N23$^{6}$ | 3.000 |
| **H16B** | C16$^{6}$ | 3.593 | | H16B | C21$^{6}$ | 3.527 |
| **H16B** | H4$^{6}$ | 2.746 | | H16B | H9$^{6}$ | 2.954 |
| **H16B** | H16A$^{6}$ | 3.362 | | H16B | H16C$^{6}$ | 3.352 |
| **H16B** | H19A$^{9}$ | 3.142 | | H16B | H19B$^{9}$ | 3.182 |
| **H16C** | O2$^{10}$ | 2.672 | | H16C | C13$^{10}$ | 3.186 |
| **H16C** | C19$^{10}$ | 3.443 | | H16C | H4$^{6}$ | 3.516 |
| **H16C** | H16B$^{8}$ | 3.352 | | H16C | H19A$^{10}$ | 2.600 |
| **H16C** | H19B$^{9}$ | 3.287 | | H16C | H19C$^{6}$ | 3.486 |
| **H17A** | C6$^{1}$ | 3.311 | | H17A | C12$^{1}$ | 3.243 |
| **H17A** | H6$^{1}$ | 3.003 | | H17A | H10$^{12}$ | 2.965 |
| **H17A** | H12$^{1}$ | 2.886 | | H17A | H22A$^{13}$ | 3.077 |
| **H17A** | H22B$^{1}$ | 3.304 | | H17B | O3$^{13}$ | 2.783 |
| **H17B** | C9$^{3}$ | 3.196 | | H17B | C10$^{3}$ | 3.200 |
| **H17B** | H9$^{3}$ | 3.143 | | H17B | H10$^{3}$ | 3.149 |
| **H17B** | H17C$^{11}$ | 3.134 | | H17B | H22A$^{13}$ | 3.289 |
| **H17C** | O3$^{3}$ | 2.881 | | H17C | O3$^{13}$ | 3.327 |
| **H17C** | C8$^{3}$ | 3.580 | | H17C | C15$^{3}$ | 3.062 |
| **H17C** | H10$^{12}$ | 2.817 | | H17C | H12$^{1}$ | 3.183 |
| **H17C** | H16A$^{3}$ | 3.146 | | H17C | H17B$^{1}$ | 3.134 |
| **H17C** | H22A$^{13}$ | 3.569 | | H17C | H22B$^{3}$ | 3.479 |
| **H19A** | C8$^{5}$ | 3.522 | | H19A | C16$^{4}$ | 3.370 |
| **H19A** | C21$^{5}$ | 3.453 | | H19A | H16A$^{4}$ | 3.307 |
| **H19A** | H16B$^{5}$ | 3.142 | | H19A | H16C$^{4}$ | 2.600 |
| **H19A** | H20B$^{10}$ | 2.804 | | H19B | N23$^{5}$ | 3.110 |
| **H19B** | C14$^{5}$ | 3.424 | | H19B | C16$^{5}$ | 3.381 |
| **H19B** | C20$^{1}$ | 3.191 | | H19B | C21$^{5}$ | 3.083 |
| **H19B** | H4$^{5}$ | 3.155 | | H19B | H16B$^{5}$ | 3.182 |
| **H19B** | H16C$^{5}$ | 3.287 | | H19B | H20B$^{1}$ | 2.691 |
| **H19B** | H20C$^{1}$ | 2.908 | | H19C | O2$^{10}$ | 2.609 |
| **H19C** | C8$^{5}$ | 3.516 | | H19C | C13$^{10}$ | 3.434 |
| **H19C** | C14$^{5}$ | 3.507 | | H19C | C18$^{5}$ | 3.409 |
| **H19C** | C20$^{10}$ | 3.520 | | H19C | C21$^{5}$ | 3.554 |
| **H19C** | H16C$^{8}$ | 3.486 | | H19C | H20B$^{10}$ | 2.845 |
| **H20A** | C22$^{1}$ | 3.447 | | H20A | H7$^{1}$ | 3.584 |
| **H20A** | H20C$^{1}$ | 3.586 | | H20A | H22C$^{1}$ | 2.516 |
| **H20B** | N23$^{4}$ | 3.498 | | H20B | C19$^{4}$ | 3.182 |
| **H20B** | C19$^{11}$ | 3.513 | | H20B | H4$^{4}$ | 3.029 |
| **H20B** | H19A$^{4}$ | 2.804 | | H20B | H19B$^{11}$ | 2.691 |
| **H20B** | H19C$^{4}$ | 2.845 | | H20B | H22C$^{1}$ | 3.345 |
| **H20C** | O2$^{11}$ | 2.836 | | H20C | C13$^{11}$ | 2.978 |

| **H20C** | C18[11] | 3.293 | | H20C | H19B[11] | 2.908 |
|---|---|---|---|---|---|---|
| **H20C** | H20A[11] | 3.586 | | H22A | S1[14] | 3.147 |
| **H22A** | C10[14] | 3.291 | | H22A | C17[7] | 3.496 |
| **H22A** | H10[14] | 2.621 | | H22A | H17A[7] | 3.077 |
| **H22A** | H17B[7] | 3.289 | | H22A | H17C[7] | 3.569 |
| **H22B** | S1[3] | 3.109 | | H22B | H12[11] | 3.196 |
| **H22B** | H17A[11] | 3.304 | | H22B | H17C[3] | 3.479 |
| **H22C** | C6[11] | 3.298 | | H22C | C12[11] | 3.430 |
| **H22C** | C20[11] | 3.322 | | H22C | H6[11] | 3.000 |
| **H22C** | H10[14] | 3.271 | | H22C | H12[11] | 3.235 |
| **H22C** | H20A[11] | 2.516 | | H22C | H20B[11] | 3.345 |

Operadores de simetria:

(1) X-1,Y,Z

(2) -X, -Y, -Z+2

(3) -X+1, -Y+1, -Z+2

(4) -X+1, -Y, -Z+2

(5) X, Y, Z+1

(6) -X+2, -Y+1, -Z+2

(7) X+1, Y, Z

(8) -X+1, -Y, -Z+1

(9) -X+1, -Y+1, -Z+1

(10) -X+2, -Y+1, -Z+1

(11) X+1,Y+1,Z

(12) -X, -Y, -Z+1

(13) X-1,Y-1,Z

(14) X,Y,Z-1

# CAPÍTULO 3

## 3 Estrutura da l,Г-(2,6-dimetil-4-(3-(feniltio)fenil)-l,4-dihidropiridina-3,5-diil)dietanona (l)

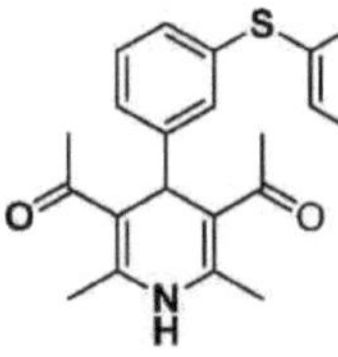

> Nome: l,l'-(2,6-dimetil-4-(3-(feniltio)fenil)-l,4-dihidropiridina-3,5-diil)dietanona
> Fórmula Química: C $H_{2323}$ NO $S_2$
> Massa exacta:377.14
> Peso Molecular: 377.50
> m/z: 377.14 (100.0%), 378.15 (25.2%), 379.14 (4.5%), 379.15 (3.8%), 378.14 (1.2%), 380.14(1.1%)
> Análise Elementar: C, 73.18; H, 6.14; N, 3.71; O, 8.48; S, 8.49

**4 Fig.l Representa a ORTEP da molécula (1) com elipsóides térmicos desenhados a 50% de probabilidade**

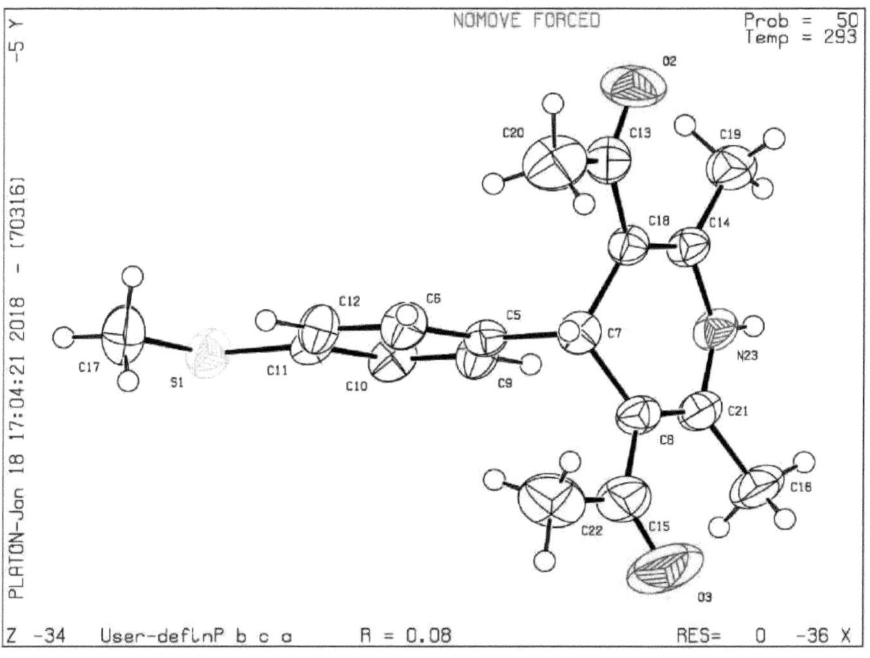

5 **Fig. 2 Representa a ORTEP da molécula (1) com elipsóides desenhados a 50% de probabilidade**

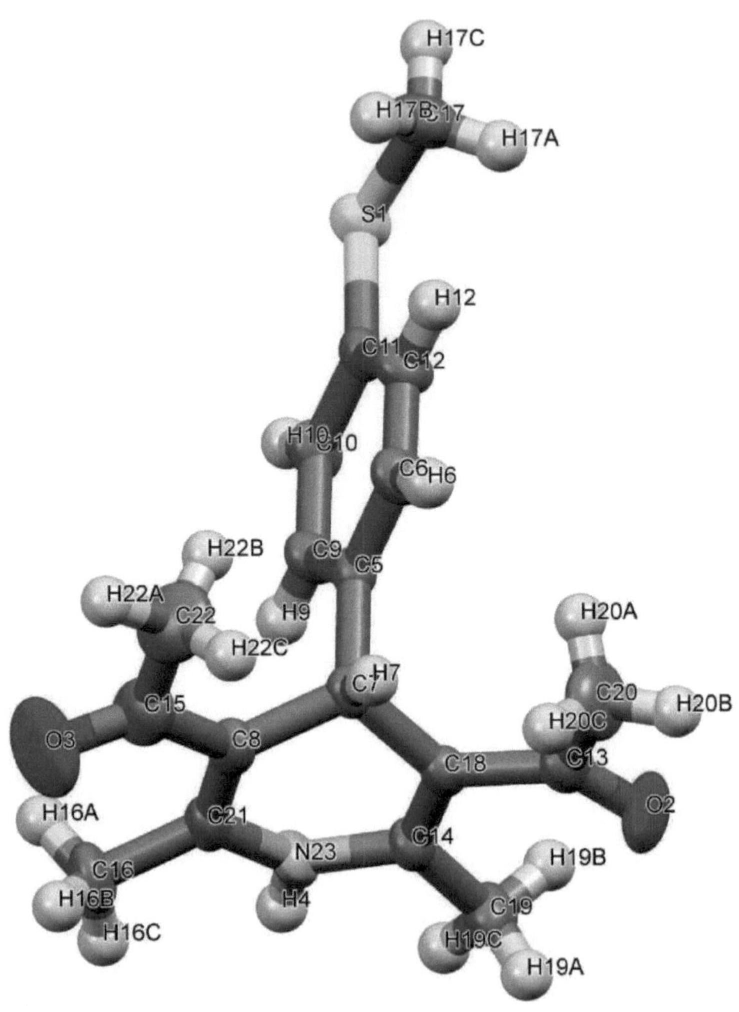

6 Fig. 3 Representa a ORTEP da molécula (1) com ORTEP desenhada a 50% de probabilidade

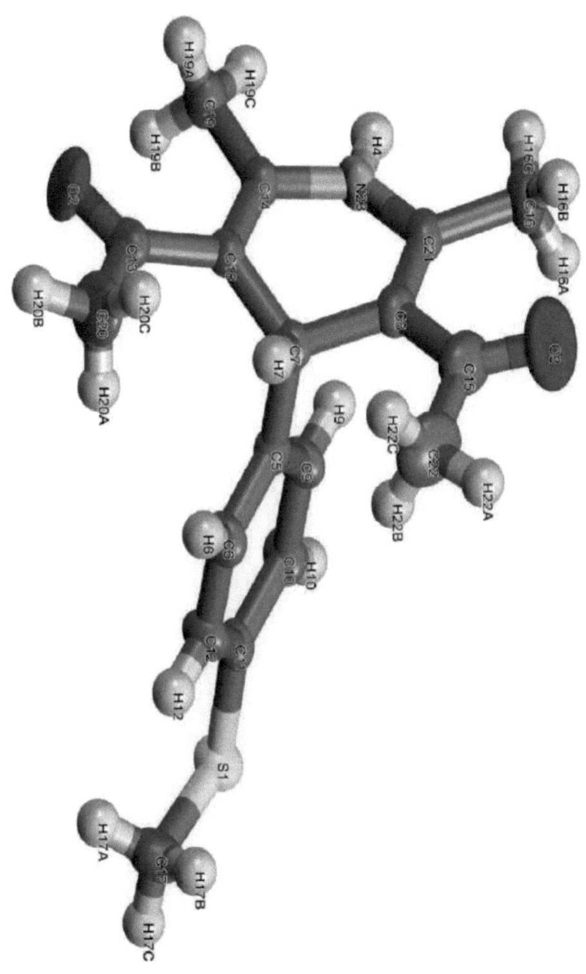

**7 Fig. 4 Representa o bastão da molécula (1) com elipsóides térmicos desenhados a 50% de probabilidade**

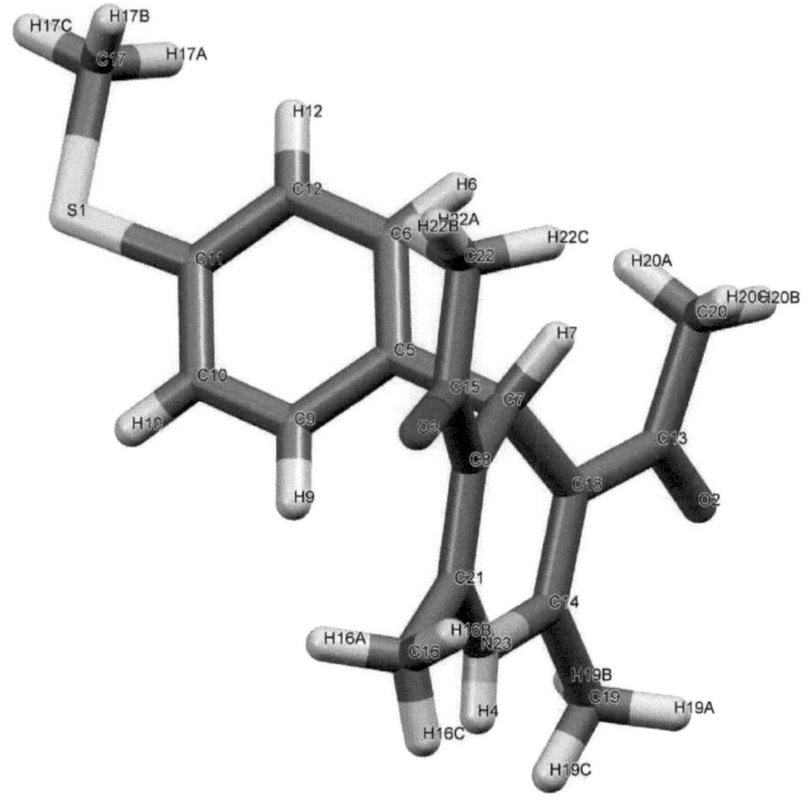

8 **Fig. 5 Representa o Specefill da molécula (1) com elipsóides térmicos desenhados a 50% de probabilidade**

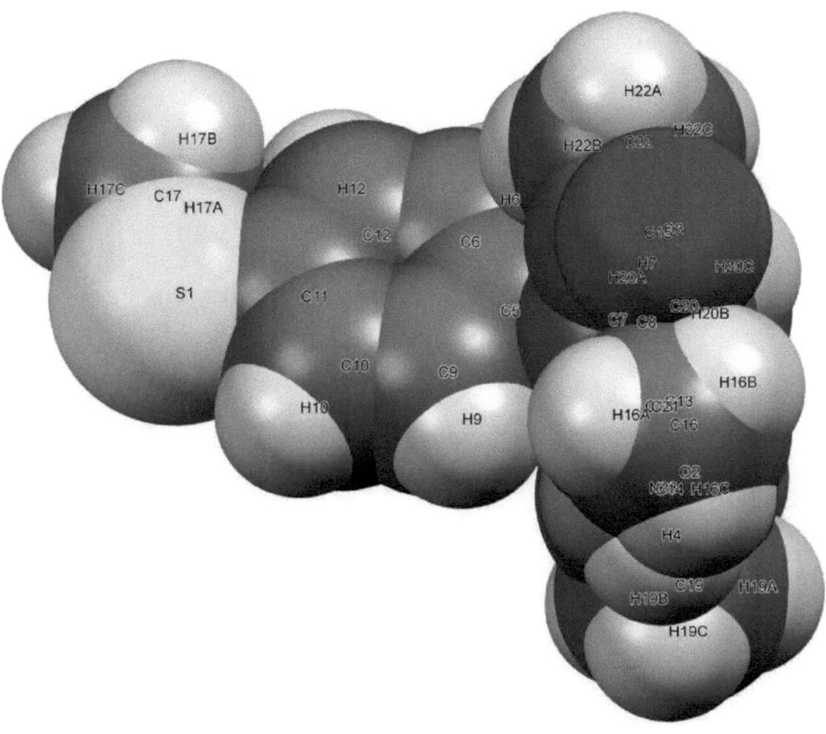

9 **Fig. 6 Diagrama de empacotamento das moléculas quando vistas segundo o eixo c, as linhas tracejadas representam as ligações de hidrogénio (1)**

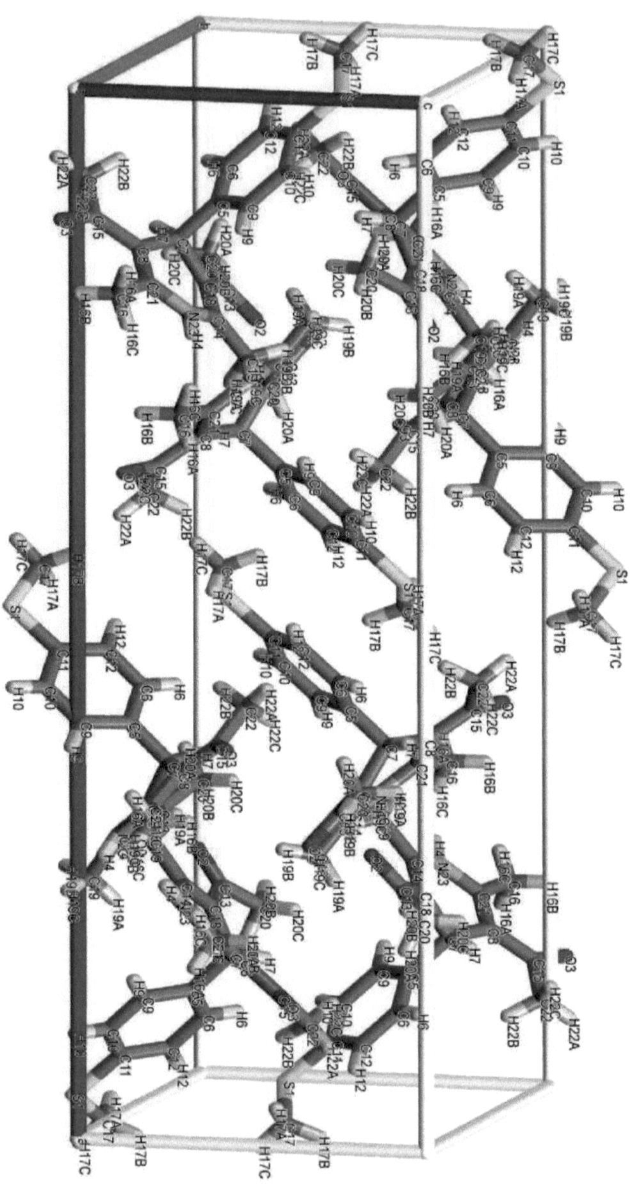

10 Fig. 7 Diagrama de empacotamento das moléculas quando vistas segundo o eixo b, as linhas tracejadas representam as ligações de hidrogénio (1)

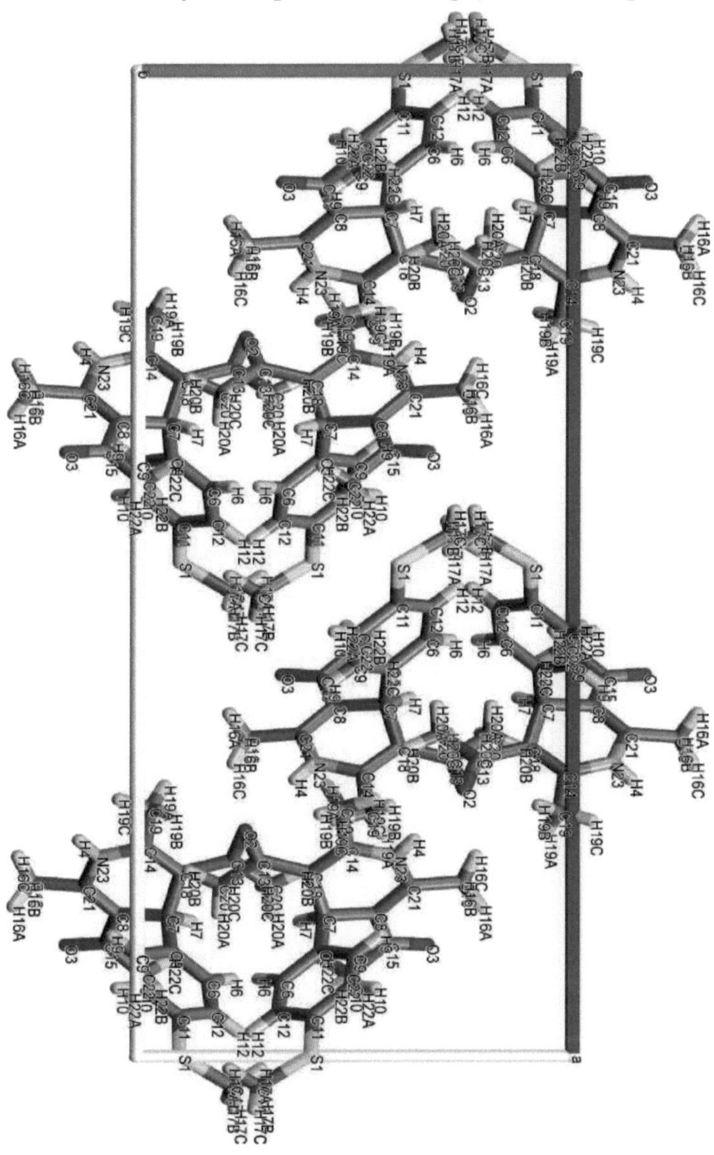

11 **Fig. 8 Diagrama de empacotamento das moléculas quando vistas segundo o eixo a, as linhas a tracejado representam as ligações de hidrogénio (1)**

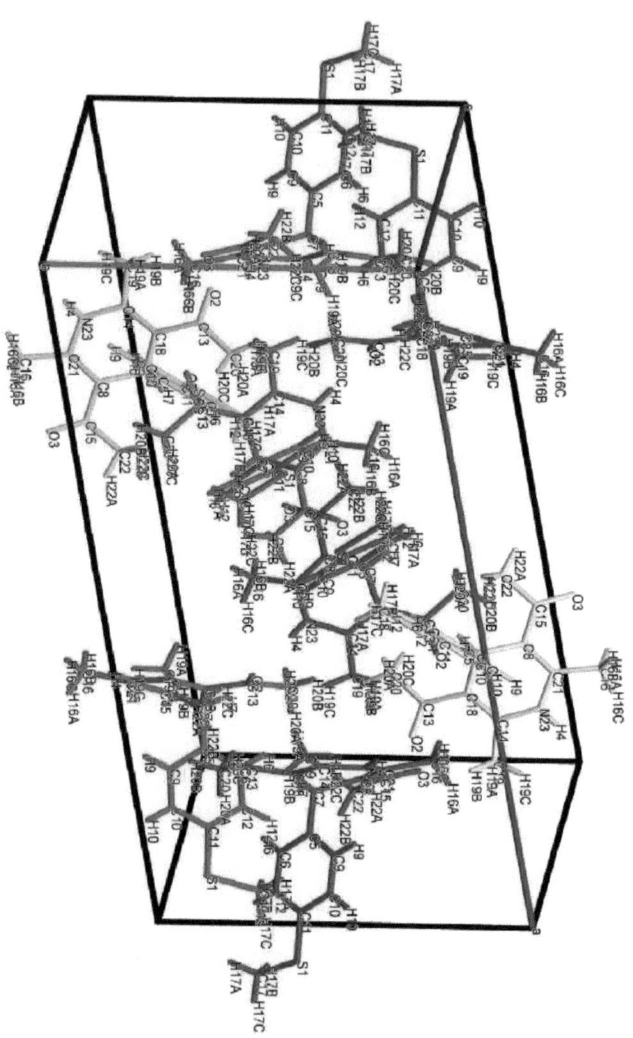

**12 Fig. 9 Diagrama de empacotamento das moléculas quando vistas no eixo b*, as linhas tracejadas representam as ligações de hidrogénio (1)**

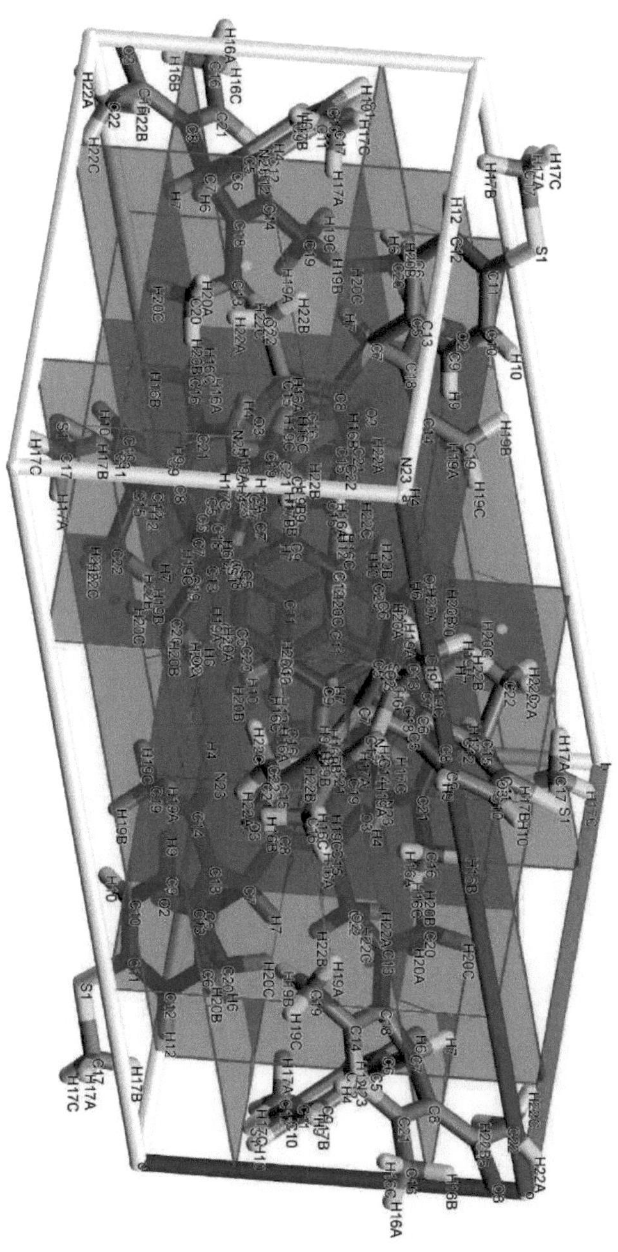

**13 Fig. 10 Diagrama HUMO das moléculas (1)**

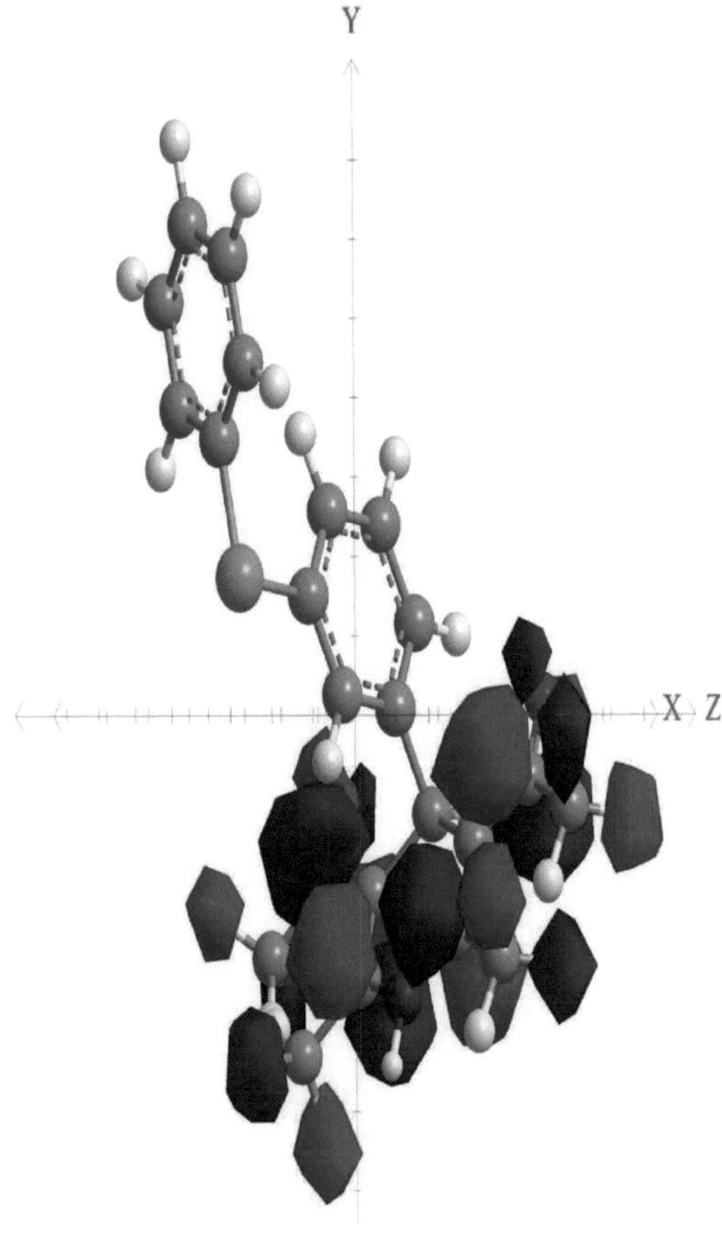

**14 Fig. 11 Diagrama HUMO das moléculas (1)**

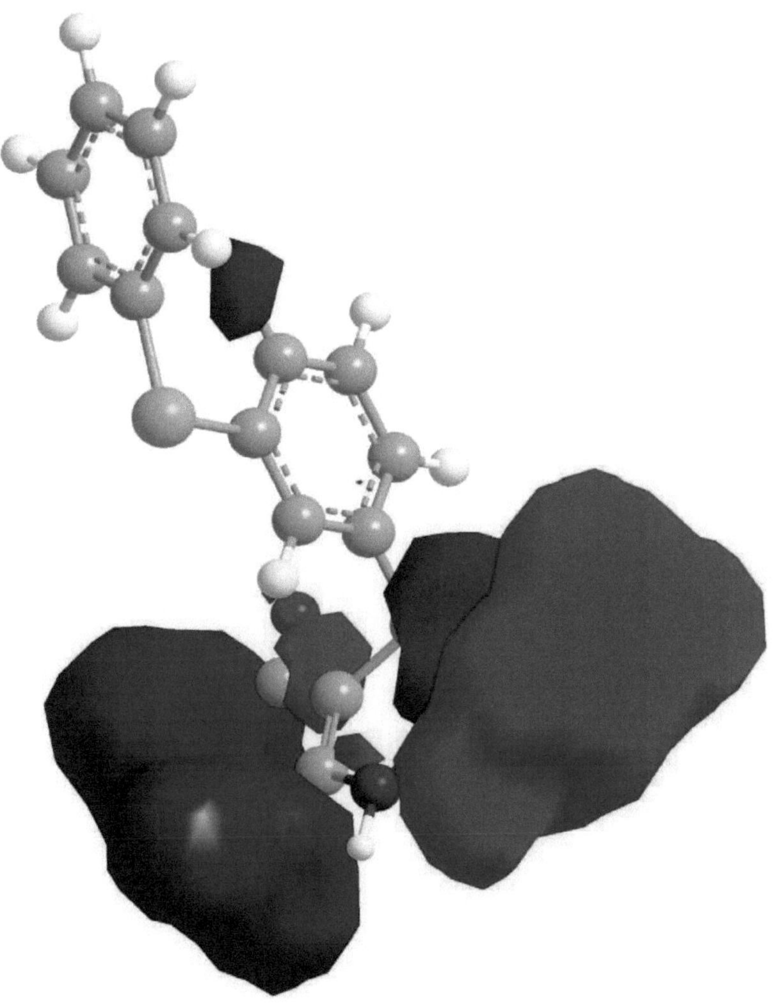

**15 Fig. 12 Diagrama HUMO das moléculas (1)**

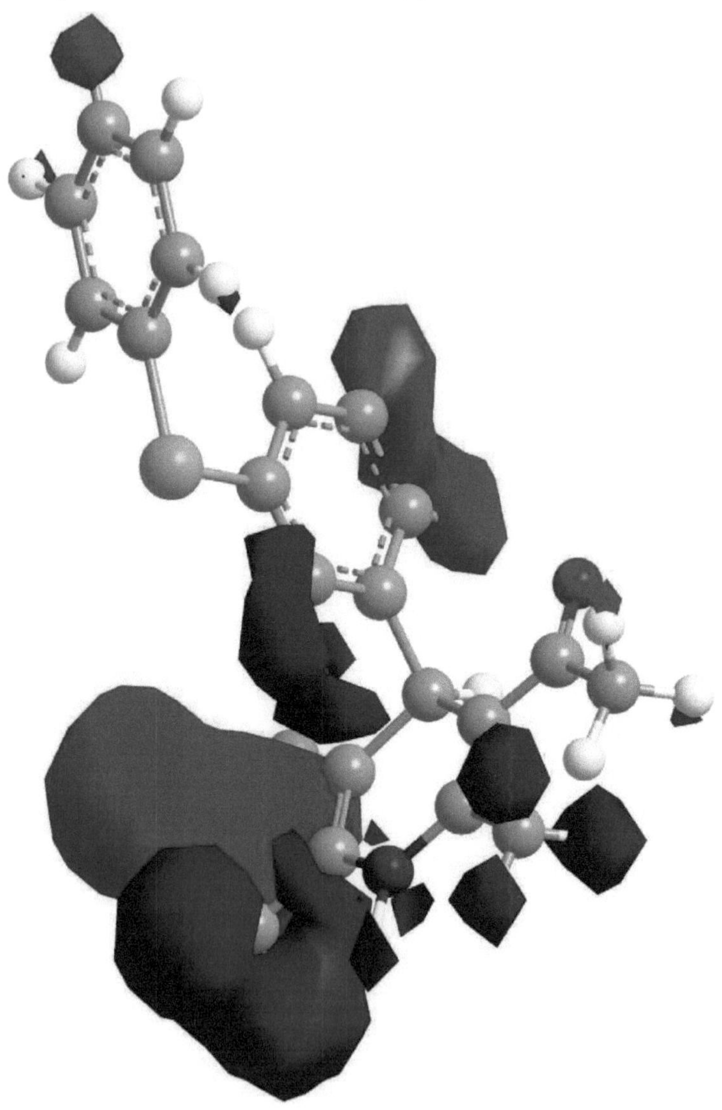

**16** **Fig. 13 Diagrama HUMO das moléculas (1)**

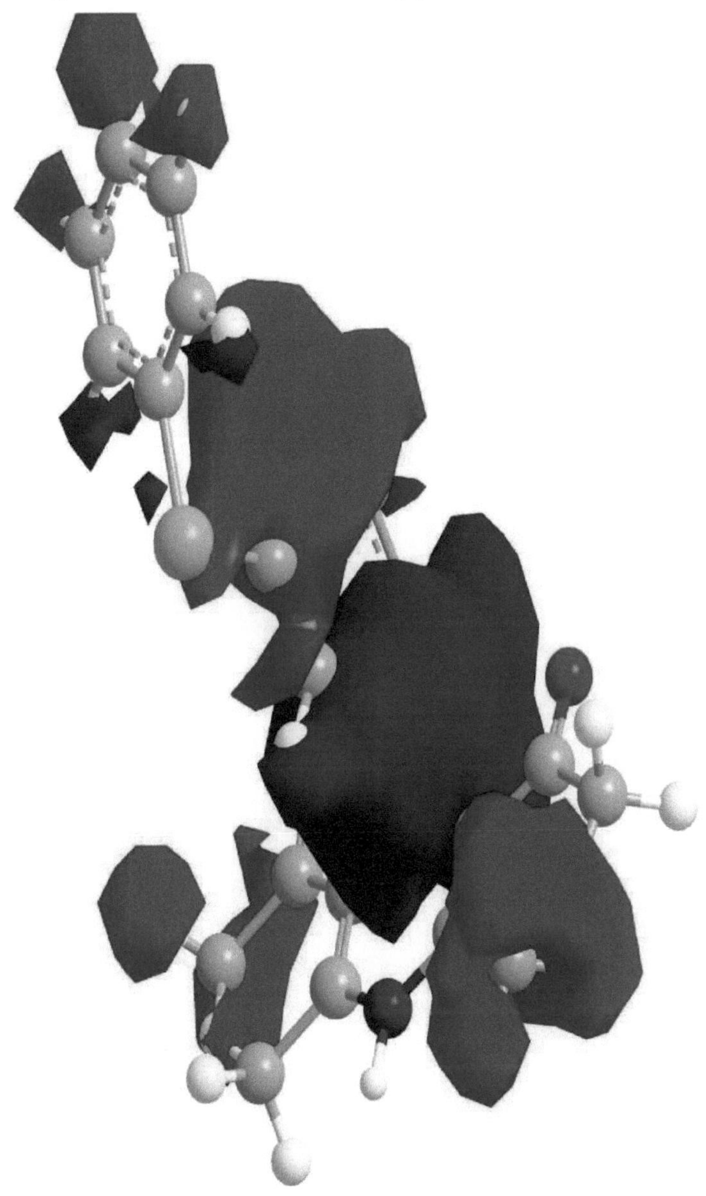

**17 Fig. 14 Diagrama HUMO das moléculas (1)**

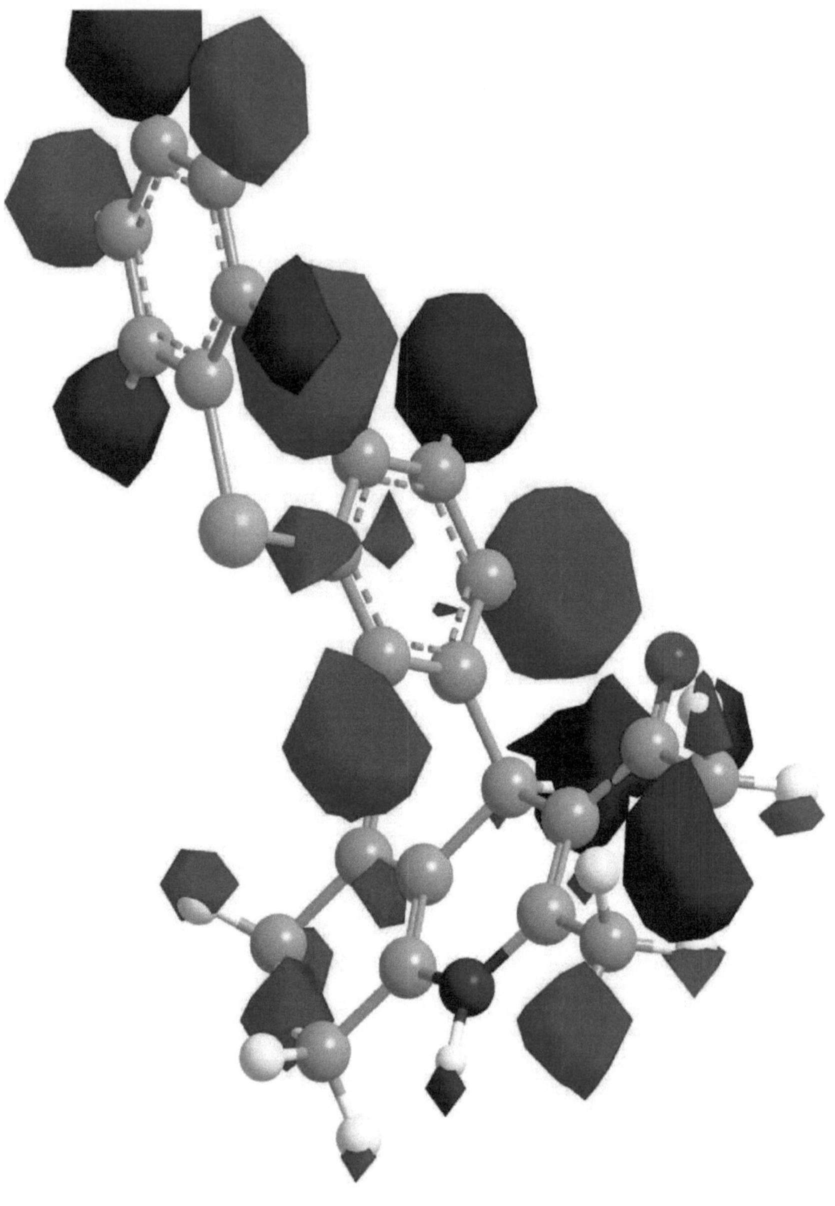

**18** Fig. 15 Diagrama HUMO das moléculas (1)

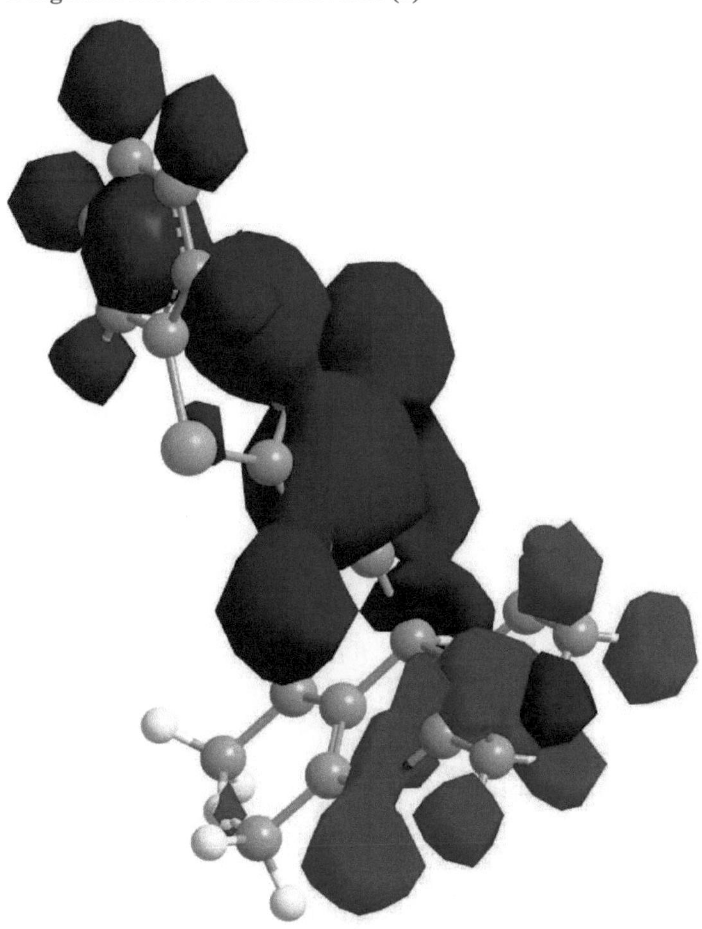

**19 Fig. 16 Diagrama LUMO das moléculas (1)**

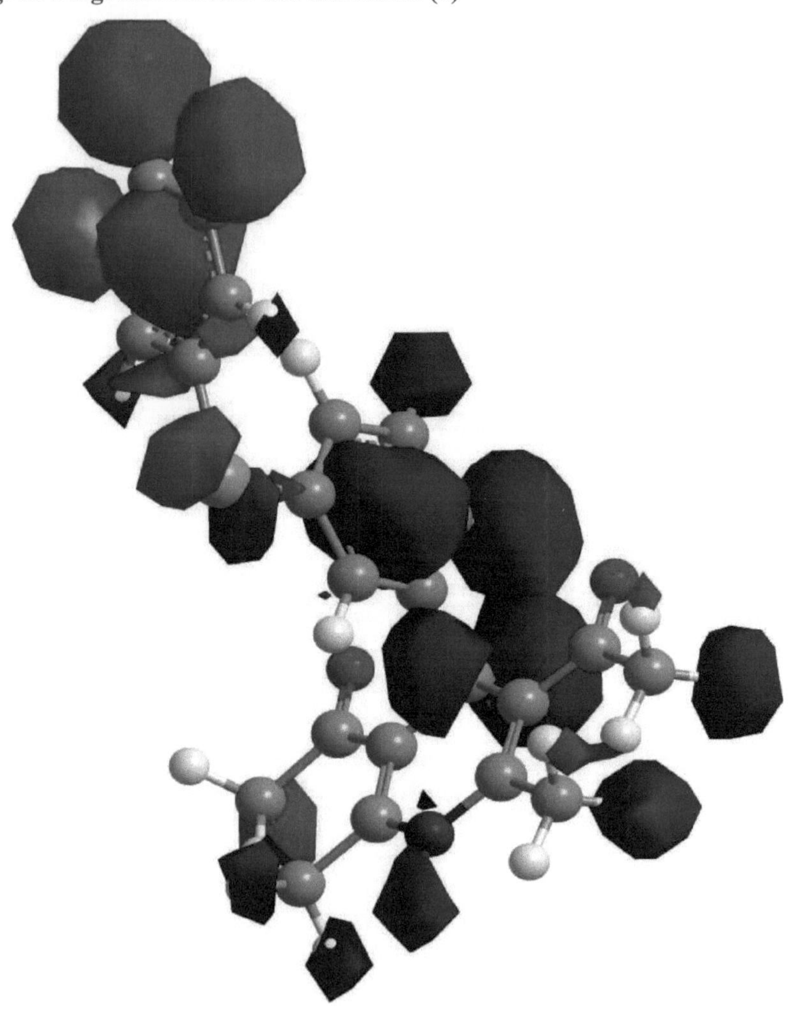

**20 Fig. 17 Diagrama LUMO das moléculas (1)**

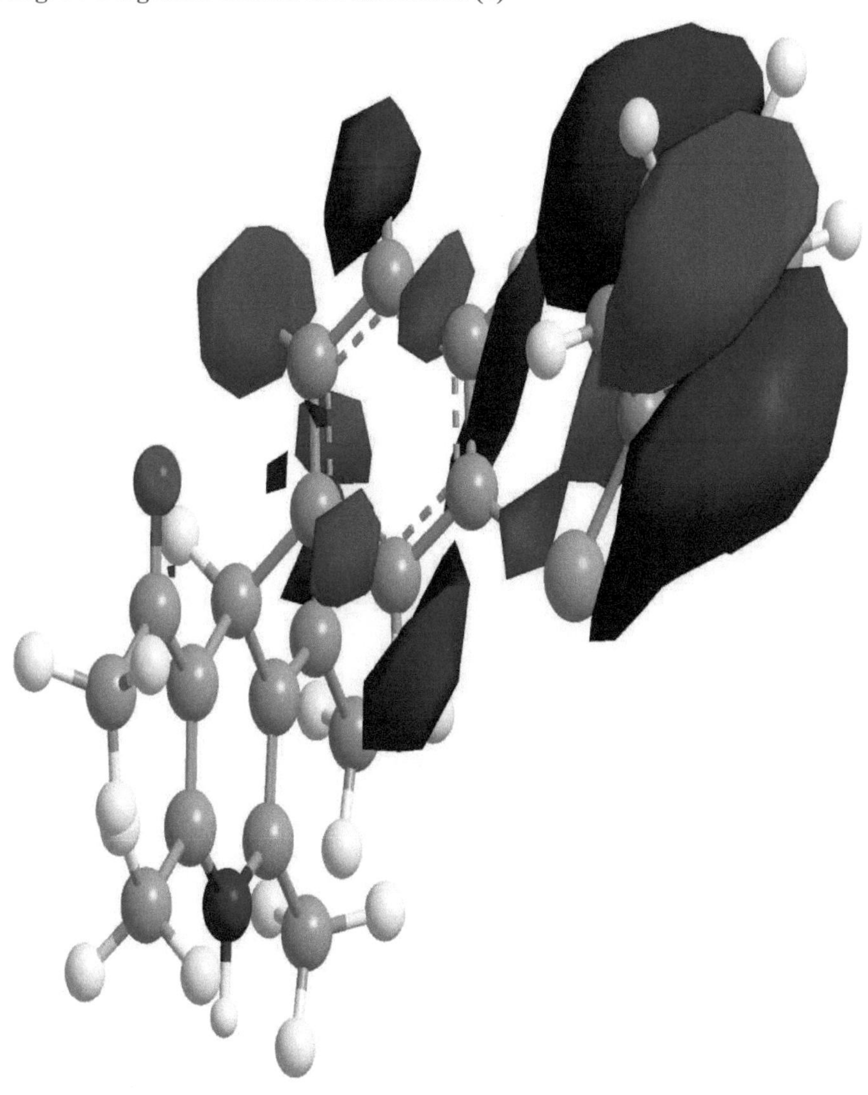

**21 Fig. 18 Diagrama LUMO das moléculas (1)**

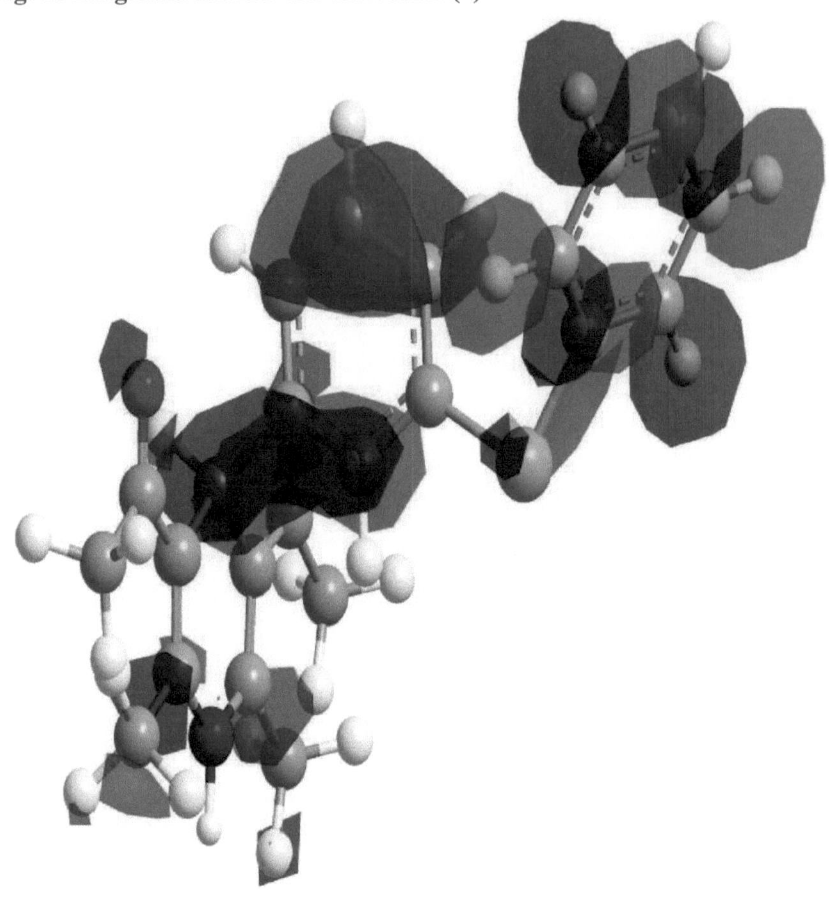

**22 Fig. 19 Diagrama LUMO das moléculas (1)**

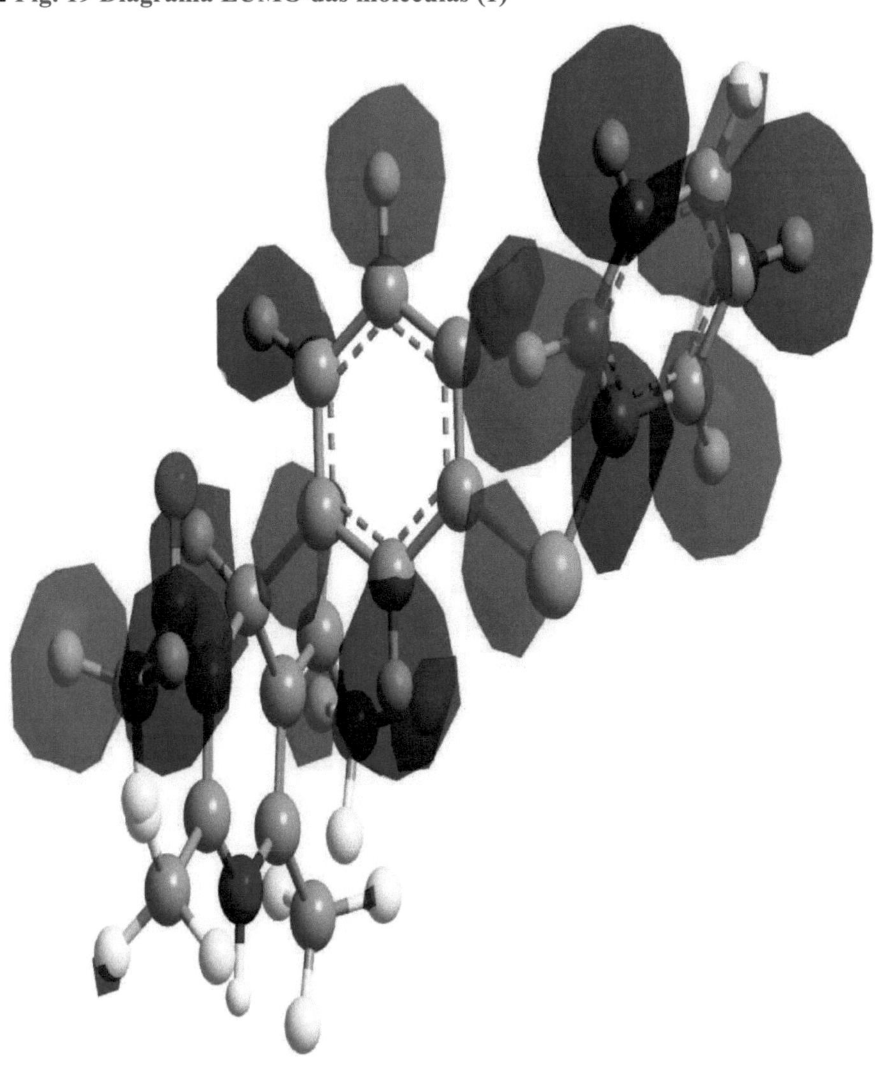

**23 Fig. 20 Diagrama do padrão em pó das moléculas (1)**

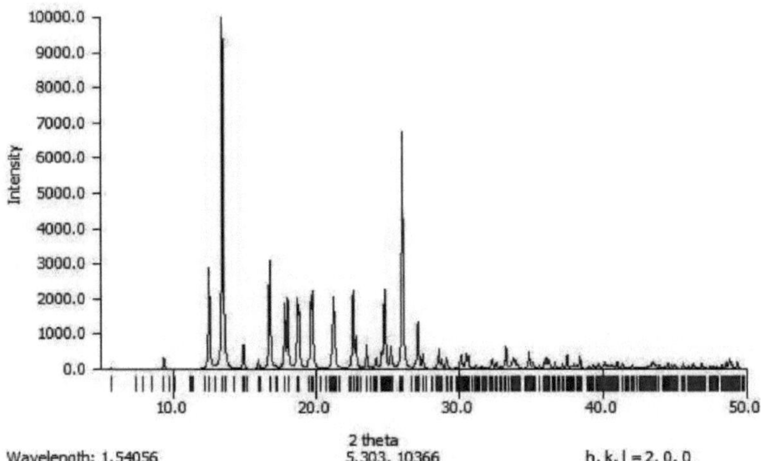

# 24 Referências


1. GaudioAC,KorolkovasA, TakahataY. JPharm Sci. 1994;83:1110-5.
2. SchleiferKJ.JMed Chem. 1999;42:2204-11.
3. Visentin S, Amiel P, Frittero R, Boschi D, Roussel C, Giusta L, J Med Chem. 1999;42:1422-7.
4. Jiang JL, Li AH, Jang SY, Chang L, Melman N, Moro S, J Med Chem. 1999;42:3055-65.
5. Godfraid T, Miller R, Wibo M., Pharmocol Rev. 1986;38:321-416.
6. KhadilkarB,BorkarS.,SynthCommun. 1998;28:207-12.
7. Schnell B, Krenn W, Faber K, Kappe CO, J Chem Soc Perkin Trans1. 2000;24:4382-9.
8. CrystalClear: Rigaku Corporation, 1999. Guia do utilizador do software CrystalClear, Molecular Structure Corporation, (c) 2000.J.W.Pflugrath (1999) Ata Cryst. D55, 1718-1725.
9. SIR92: Altomare, A., Cascarano, G., Giacovazzo, C., Guagliardi, A., Burla, M., Polidori, G., e Camalli, M. (1994) J. Appl. Cryst., 27, 435.
10. Função de mínimos quadrados minimizada: (SHELXL97) $\sum\omega(F_o - F_c)$ onde ω = pesos de mínimos quadrados.
11. Desvio-padrão de uma observação de peso unitário:

    a. $[\sum \omega (F_o2 - F_c 2)2/(N_o - N_v)]^{1/2}$

    b. Onde: $N_o$ = número de observações

        i. $N_v$ = número de variáveis

12. Cromer, D. T. & Waber, J. T.; "International Tables for X-ray Crystallography", Vol. IV, The Kynoch Press, Birmingham, Inglaterra, Tabela 2.2 A (1974).
13. Ibers, J. A. & Hamilton, W. C.; Ata Crystallogr., 17, 781 (1964)
14. Creagh, D. C. & McAuley, W.J.; "International Tables for Crystallography", Vol C, (A.J.C. Wilson, ed.), Kluwer Academic Publishers, Boston, Tabela 4.2.6.8, páginas 219-222 (1992).
15. Creagh, D. C. & Hubbell, J.H.; "International Tables for Crystallography", Vol C, (A.J.C. Wilson, ed.), Kluwer Academic Publishers, Boston, Tabela 4.2.4.3, páginas 200-206 (1992).
16. CrystalStructure 4.0: Pacote de análise da estrutura cristalina, Rigaku Corporation (2000-2010). Tóquio 196-8666, Japão.
17. SHELX97: Sheldrick, G.M. (2008). Ata Cryst. A64, 112-122.

Printed by Books on Demand GmbH, Norderstedt / Germany